AF363574

DICTIONNAIRE

GÉNÉRAL & RAISONNÉ

DE LA CONSTRUCTION

ET DE TOUT CE QUI A TRAIT

AUX TRAVAUX PUBLICS ET PARTICULIERS

Ainsi qu'aux Usages, Lois et Règlements

qui les régissent,

OU

AIDE-MÉMOIRE DU CONSTRUCTEUR

PAR

Achille JUQUIN,

GREFFIER DES BATIMENTS,

Directeur du *Bâtiment*, Journal des Travaux publics
et particuliers,
Auteur de diverses publications
relatives à la Construction, et notamment,
en collaboration avec M. Jules Périn, du Commentaire
du *Nouveau Cahier des Clauses et conditions générales*
imposées aux Entrepreneurs des travaux des
Ponts et Chaussées,
Ouvrage honoré de la souscription
de S. Exc. M. le Ministre des Travaux publics.

LOIS DU BATIMENT
ET DES
TRAVAUX PUBLICS
USAGES
RÈGLEMENTS
DÉCRETS
ET
ORDONNANCES
FORMULES
TABLES
RENSEIGNEMENTS
TECHNIQUES
ET
PRATIQUES
TARIFS
MÉTRÉ
VÉRIFICATION
SOUS-DÉTAILS
ETC., ETC.

FASCICULE Nº *1*.

LIVRAISONS Nº *1*.

CONDITIONS DE LA SOUSCRIPTION :

L'ouvrage complet comprendra de 100 livraisons.
La livraison de 16 pages, prix.................... O franc 50
Le fascicule de 6 livraisons ou 96 pages................ 3 —
Souscription à forfait, jusqu'au 1er juillet 1867, pour l'ou-
vrage entier, prix.. 30 —

A partir du 1er juillet 1867, le prix de la Souscription a forfait sera porté à 40 fr.

EN VENTE A PARIS

CHEZ L'AUTEUR, AUX BUREAUX DU JOURNAL *LE BATIMENT*

9, RUE SAUVAL, 9

(Ancienne rue des Vieilles-Etuves-Saint-Honoré)

1867

PRÉFACE

On l'a dit souvent et avec juste raison, les plus courtes préfaces sont les meilleures : aussi nous bornerons-nous à expliquer en quelques lignes quel a été notre but en publiant le *Dictionnaire général et raisonné de la Construction.*

Bien souvent, comme directeur du journal *le Bâtiment*, nous avons été consulté, par des architectes ou des entrepreneurs, sur un très-grand nombre de questions toutes différentes les unes des autres, et il nous a été suffisamment démontré qu'un ouvrage contenant et résumant tous les renseignements indispensables au constructeur rendrait les plus grands services et serait favorablement accueilli par tous ceux qui s'occupent de travaux.

Nous nous sommes donc immédiatement mis à l'œuvre et, réunissant d'une part des notes personnelles recueillies pendant quinze ans tant à Paris qu'en province sur les chantiers de travaux et au cabinet, et d'autre part, les documents importants, mais malheureusement épars dans les publications spéciales qui ont paru dans ces dernières années, nous sommes parvenu à composer un ouvrage que, nous en avons la conviction, tous les constructeurs voudront avoir en leur possession.

Entrer dans de plus longs détails nous semblerait complétement fastidieux, car notre œuvre s'explique d'elle-même. Bornons-nous à dire que c'est avec la plus entière confiance que nous la soumettons au jugement du lecteur, lui rappelant que notre seul désir peut se résumer dans ces deux mots :

ÊTRE UTILE.

ACHILLE JUQUIN.

Juin 1867.

DICTIONNAIRE

GÉNÉRAL ET RAISONNÉ

DE LA CONSTRUCTION

OU

AIDE-MÉMOIRE DU CONSTRUCTEUR

A

ABANDON, *s. m.* — On appelle *abandon*, le fait d'abandonner un objet et ses accessoires à un tiers, dans le but de se libérer d'une obligation à laquelle entraînait l'usage ou l'entretien de cet objet.

La loi a consacré le droit qu'a tout propriétaire de se libérer dans certains cas d'une obligation par le simple abandon.

L'article 656 du Code Napoléon consacre, notamment, ce droit au profit du propriétaire d'un mur mitoyen qui veut se soustraire au payement des dépenses de réparation d'entretien de ce mur.

Cet article, qui a été appliqué aux haies, aux clôtures rurales et, suivant certaines distinctions, aux fossés mitoyens, est ainsi conçu :

Tout copropriétaire d'un mur mitoyen peut se dispenser de contribuer aux réparations et reconstructions en abandonnant le droit de mitoyenneté, pourvu que le mur mitoyen ne soutienne pas un bâtiment qui lui appartienne.

Cette disposition est fondée sur ce que la mitoyenneté frappe plutôt sur l'immeuble que sur la personne du voisin, en sorte que celui-ci cessant d'être propriétaire de la chose asservie à la communauté, il est déchargé de l'obligation qui en résulte.

On voit qu'une première exception à cette disposition a lieu lorsque le mur mitoyen soutient des bâtiments appartenant au voisin de qui on réclame une contribution aux réparations.

L'article 663 du Code Napoléon stipulant que chacun peut contraindre son voisin, dans les villes et faubourgs, à contribuer aux constructions et réparations de la clôture faisant séparation de leurs maisons, cours et jardins, certains auteurs pensent qu'en conséquence une seconde exception doit aussi avoir lieu à la disposition d'abandon par nous rapportée plus haut, et que dans ce cas le propriétaire, sommé par son voisin de construire pour la première fois ou de réparer ou reconstruire un mur de clôture forcée, ne peut, moyennant l'abandon du terrain à couvrir ou déjà couvert par le mur, se dispenser de contribuer aux frais de construction, réparation ou reconstruction.

Cette question est vivement controversée en jurisprudence et en doctrine, mais l'autorité de la Cour de cassation oblige à suivre dans la pratique l'opinion favorable à la faculté d'abandon. La Cour de cassation a, en effet maintenu jusqu'ici cette jurisprudence. Elle s'appuie sur la généralité de l'article 656, qui, ne faisant aucune distinction, doit s'appliquer aux clôtures des villes et faubourgs comme à toutes autres.

En abandonnant la mitoyenneté d'un mur, on renonce à tout ce qui la compose, c'est-à-dire non-seulement aux matériaux dont il est formé, mais encore au terrain sur lequel il est fondé. Tout mur de clôture ou de séparation entre bâtiments jusqu'à l'héberge étant, aux termes de l'article 653 du Code Napoléon présumé mitoyen jusqu'à titre ou marque du contraire, celui des voisins qui reçoit l'abandon de la mitoyenneté doit toujours avoir soin d'en exiger un titre.

Celui qui reçoit l'abandon doit réparer ou reconstruire le mur. Il ne peut pas le laisser tomber en ruine, ni le démolir sans le reconstruire, ni le remplacer par une haie, une palissade, une cloison en planches ou par un mur d'une nature inférieure. La condition de l'abandon ne serait plus remplie ; le renonçant reprendrait ses droits sur le mur et par conséquent son terrain et sa part de matériaux. (*Frémy Ligneville.*)

Toutes les règles relatives à l'abandon de la mitoyenneté s'appliquent à l'exhaussement, comme elles s'appliqueraient à l'intégralité du mur ; le copropriétaire de l'exhaussement peut se soustraire aux frais d'entretien et de la reconstruction de cet exhaussement, en abandonnant le droit qu'il y a.

Si, à l'abandon qui lui est fait de l'exhaussement, le voisin répondait lui-même par un autre abandon, l'exhaussement devrait être démoli à frais communs.

Il existe encore d'autres cas où la loi a consacré le droit qu'a tout propriétaire de se libérer d'une obligation par le simple abandon.

Ainsi l'article 699 du Code Napoléon consacre notamment ce droit au profit du propriétaire du fonds servant, qui veut se soustraire à l'obligation de faire à ses frais les ouvrages nécessaires pour l'usage ou la conservation de la servitude ; il peut toujours s'affranchir de la charge en abandonnant le fonds assujetti au propriétaire du fonds auquel la servitude est due. Cet article s'applique notamment aux cas de servitude d'aqueduc, de passage, de puisage, de support ou d'appui.

L'abandon a encore été admis, entre copropriétaires, au sujet d'une fosse d'aisances.

Le copropriétaire peut se soustraire aux frais d'entretien, de reconstruction et de vidange en renonçant à son droit de copropriété ; mais il doit préalablement contribuer à la vidange de la fosse, ou, s'il n'est pas encore temps de procéder à cette opération, verser à ses copropriétaires une somme équivalente à la part qu'il devrait supporter dans les frais de vidange si ladite opération s'accomplissait actuellement.

L'un des copropriétaires d'un canal peut aussi abandonner son droit, à moins que l'intérêt public n'exige le contraire, pour se dispenser de contribuer aux réparations, entretien et curage ; il perd alors tous les avantages que lui donnait la copropriété.

Celui qui voudrait s'affranchir de l'obligation d'entretenir, curer et réparer le puits commun le pourrait aussi en abandonnant son droit au puits et au puisage, excepté pourtant dans les villes où les règlements obligent à avoir un puits dans chaque maison. On peut de même abandonner la copropriété d'un étang, de partie d'une maison dont les divers étages appartiennent à des personnes différentes.

Enfin, la loi du 16 septembre 1807 sur le desséchement des marais consacre le droit d'abandon au profit du propriétaire qui ne peut payer l'indemnité de desséchement.

Dans les cas où l'abandon est permis, il doit être notifié au voisin ; celui-ci, quand il l'accepte, peut exiger qu'il en soit dressé acte authentique aux frais du cédant.

L'acceptation de l'abandon n'est, du reste, pas toujours forcée pour le propriétaire voisin. Ce dernier peut lui-même faire l'abandon de la chose plutôt que de consentir à l'entretenir entièrement à ses frais, et alors la chose se détériore et périt, ou est démolie à frais communs.

ABAQUE, *s. m.* — Tailloir, tablette qui couronne le chapiteau des colonnes. Le chapiteau, recevant directement les naissances des arcs, forme un encorbèlement destiné à équilibrer le porte à faux du sommier sur la colonne : le tailloir ajoute donc à la saillie du chapiteau en lui donnant une plus grande résistance ; ce membre d'architecture joue un grand rôle dans les constructions du moyen âge ; biscauté généralement dans les chapiteaux de l'époque romane primitive, il affecte en projection horizontale la forme carrée, suivant le lit inférieur du sommier de l'arc qu'il supporte.

Plus tard, nous voyons aussi les abaques prendre les formes polygonales et circulaires.

Dans les parties élevées des édifices, les abaques sont très-épais, largement profilés, tandis que dans les parties basses ils sont plus minces et finement moulurés.

Lorsque la sculpture du chapiteau fait corps avec le tailloir, il est d'usage, dans le métré, de compter le développement des moulures comme si la sculpture n'en arrêtait pas le cours, et cela, pour tenir lieu des petites parties et de la sujétion.

ABATAGE, *s. m.* — C'est le fait d'abattre l'excédant d'une pierre formant saillie ; cette opération, qui exige peu de précaution, se fait avec un gros marteau appelé *têtu*.

Tout abatage de pierre précédant un parement sur pierre dure ou tendre ne se compte que lorsqu'il s'agit de vieille pierre, les prix de série de pierre neuve comprenant implicitement la valeur de toutes les main-d'œuvre se rapportant aux évidements, abatages ou refouillements.

Par conséquent, chaque fois que l'entrepreneur façonne de la pierre qu'il ne fournit pas, il a droit à tous les abatages qu'il peut faire.

Ces abatages se comptent au mètre cube, et on en obtient l'importance en faisant la différence entre le cube des assises ou morceaux avant main-d'œuvre et celui des parties mises en œuvre (*après taille*). Le cube ainsi obtenu est multiplié par 5 mètres ou 5 mètres 50 centim. de taille, selon que l'abatage est fait sur le chantier ou sur le tas ; de sorte que, s'il s'agit de pierre dure dont la valeur du mètre superficiel de taille est de 6 **fr.**, le mètre cube d'abatage vaut 30 fr. ou 33 fr., selon qu'il est fait sur le chantier ou sur le tas.

FORMULE DU MÉTRÉ

Avant taille des parements sur les assises en vieille pierre, les abatages faits sur le chantier :

Cube primitif des assises (supposé). . .	10ᵐ 500		
A déduire :			
Cube existant après abatage (supposé).	8ᵐ 200		
Reste.	2ᵐ 300	Taille nᵒ
à 5ᵐ 00 de taille, produit en surface de taille. .		11ᵐ 15

L'abatage étant compté, il reste à faire la surface des parements vus comme s'il s'agissait de pierre neuve ; cette surface doit être réduite à moitié, par suite de la simplification de travail résultant de l'abatage lui-même.

Les lits et les joints faits sur abatage ou recoupement ne sont pas dus, la valeur de ces travaux comprenant implicitement ces lits ou joints.

Enfin, on ne compte d'abatage sur vieille pierre que lorsqu'il s'agit d'une levée d'au moins 6 à 7 centimètres ; s'il s'agit d'une levée moindre, on compte simplement le parement à l'entier de taille, ce qui produit le même résultat que si l'on comptait un abatage de 5 centim. et une taille à moitié.

On compte aussi des abatages sur pierre neuve, mais seulement lorsqu'il s'agit de changements dans les épannelages de moulures ou de modifications dans la construction. (O. MASSELIN, *Dictionnaire du métré*.)

ABATANT, *s. m.* — Terme de menuiserie. Partie du comptoir d'un marchand, qu'on lève et qu'on abaisse à volonté.

ABAT-FOIN, *s. m.* — Terme d'économie rurale. Ouverture pratiquée dans un grenier au-dessus de l'écurie ou de l'étable, et par laquelle on jette le foin ou la paille.

ABAT-JOUR, *s. m.* — Sorte de fenêtre en forme de grand soupirail, dont le plafond et l'appui sont inclinés en biseau de dehors en dedans, afin que le jour qui vient d'en haut se communique plus verticalement dans le lieu où elle est pratiquée. L'abat-jour sert ordinairement à éclairer un étage souterrain ou des offices.

On appelle encore abat-jour un volet plein ou à claire-voie, une toile plus ou moins serrée que l'on place devant les ouvertures des habitations pour arrêter les rayons solaires.

Les abat-jour ne doivent pas avoir plus de 0,33 c. de saillie ; ils sont soumis à un droit de petite voirie de 4 fr.

On donne aussi le nom d'abat-jour à des réflecteurs coniques, hémisphériques ou de toute autre forme adaptés aux divers appareils d'éclairage et qui ont pour effet de renvoyer en bas les rayons lumineux et de jeter une clarté plus vive dans cette direction. On fabrique des abat-jour en fer-blanc, en cuivre, en carton, en papier, en parchemin.

ABAT-SON, *s. m.* — Se dit des lames de bois recouvertes de zinc, plomb ou ardoises qui sont placées dans les baies de clochers pour garantir les beffrois de la pluie et pour renvoyer le son des cloches vers le sol. Jusqu'au treizième siècle, les baies des clochers étaient petites et étroites, et les beffrois restaient exposés à l'air libre ; ce n'est qu'à partir de cette époque que l'on a commencé à les garnir d'abat-sons. Les abat-son étaient souvent décorés d'ajours, de dents de scie à leur extrémité inférieure ou de gaufrures sur les plombs.

ABATTOIR, *s. m.* — Lieu destiné à l'abatage et au dépeçage des animaux qui servent à la nourriture de l'homme.

Les abattoirs sont rangés dans la première classe des établissements insalubres ou incommodes. Ils doivent être situés hors des murs d'enceinte des villes ; être isolés et recevoir l'eau en abondance ; il faut, en outre qu'ils soient placés auprès des égouts ou des rivières pour que les eaux s'y écoulent sans laisser de trace dans les rues. Les cases destinées à l'abattage doivent être dallées et construites, jusqu'à une certaine hauteur, en pierres dures, afin de résister aux nombreux lavages qu'elles sont appelées à recevoir. Il faut de plus que par l'ensemble de la disposition il règne à l'intérieur une fraîcheur continuelle, nécessaire à la conservation de la viande et à l'éloignement des mouches. Une des conditions essentielles d'un abattoir est l'existence d'un abreuvoir et d'une cour dallée, dite voirie, où l'on jette les matières que l'on trouve dans les estomacs et dans les intestins des animaux, et qui doit être continuellement lavée à grande eau.

Les conditions principales que les abattoirs doivent présenter peuvent se résumer ainsi :

Situation isolée, dans un lieu élevé, et le plus loin possible du centre des villes ; plantation autour de l'édifice, distribution de salles vastes, largement aérées, dallées et voûtées, pourvues de fontaines et souvent inondées d'eaux pures, qui entraînent avec elles tous les débris d'animaux et entretiennent la fraîcheur ; éclairage à l'aide de fenêtres placées près de la voûte, et pourvues de persiennes. Les fenêtres devront rester à peu près constamment ouvertes et les persiennes fermées, afin d'obtenir une demi-obscurité, qui paraît très-favorable à la conservation des viandes.

Les fonderies de suif en branches qui dépendent d'un abattoir ne peuvent être exploitées dans l'intérieur des villes ; elles doivent lui être réunies, ainsi que les échaudoirs, endroits où sont échaudées, lavées et préparées toutes les issues d'animaux qui entrent dans le commerce de la triperie.

Il est défendu de se servir de lumières dans les porcheries, écuries, caves, séchoirs et fondoirs, des abattoirs généraux, à moins qu'elles ne soient renfermées dans des lanternes closes et à réseau métallique. Il est également défendu d'y fumer.

Dans les abattoirs où il existe des greniers à fourrage, l'entrée de ces locaux est absolument interdite avant le lever et après le coucher du soleil, et il ne doit être admis dans ces établissements aucune voiture de bois, de fourrage ou autres matières combustibles, si son déchargement ne peut être opéré avant la nuit.

Quand il y a lieu d'autoriser une commune à établir un abattoir public, toutes les mesures y relatives doivent être réglées par un arrêté impérial.

La mise en activité de tout abattoir public ou commun, légalement établi, entraîne de plein droit la suppression des tueries particulières, situées dans la localité.

Les propriétaires des tueries particulières supprimées n'ont droit à aucune indemnité, quelque ancien que puisse être l'établissement de ces tueries.

La pensée première des abattoirs de Paris est due à Napoléon Ier, qui en ordonna la construction par un décret du 10 novembre 1807. Ce ne fut pourtant qu'à la fin de 1818 que les bouchers cessèrent d'abattre chez eux les animaux nécessaires à la consommation, et les envoyèrent aux abattoirs publics.

Paris, avant l'annexion, comptait cinq établissements de ce genre : deux sur la rive gauche, trois sur la rive droite. Depuis la réunion des communes de la banlieue à Paris, la Ville a acquis des terrains à la Villette, sur les bords du canal, et elle y fait établir en ce moment, adjoint à un marché aux bestiaux, un abattoir unique qui méritera d'être cité comme modèle. Un embranchement reliera ce grand centre d'approvisionnement avec le chemin de fer circulaire et tout notre réseau. La gare des abattoirs, située à la partie la plus évasée d'un espace angulaire laissé libre entre les groupes de constructions, sera le point convergent des quatre voies d'embranchement qui communiqueront avec tous les rayonnements de cet immense établissement.

Or, les rues y étant au nombre de huit longitudinales et dix transversales, il y aura là un réseau très-compliqué, mais qui sera praticable en tous sens, grâce aux nombreuses plaques tournantes espacées.

ABATTUE, *s. f.* — Terme d'architecture peu usité aujourd'hui, et ayant le même sens que *Retombée*. (Voir ce mot.)

ABAT-VENT, *s. m.* — Appentis, claie, paillasson, mur, pièce de toile ou de bois, sorte de petit auvent placé au-dessus des ouvertures des habitations pour les abriter du vent ou de la pluie. Dans les tours et les clochers, les abat-vent servent encore à rabattre le son des cloches : c'est ce qui les fait nommer *Abat-son*.

ABAT-VOIX, *s. m.* — Espèce de dais, de toit, dont une chaire à prêcher est surmontée, et qui sert à rabattre vers l'auditoire la voix du prédicateur.

ABÉE, *s. f.* — Ouverture par laquelle coule l'eau qui fait aller un moulin. On l'a aussi définie : *Ouverture par où l'eau a son cours quand les moulins ne tournent pas.*

ABLOC, *s. m.* — Pilier soutenant un édifice. Métré jusqu'à hauteur du sol, il se compte comme massif ; au-dessus du sol, comme assises ordinaires, s'il est en pierres de taille ; et comme mur en élévation, s'il est en meulière, moellons ou briques.

Si l'abloc est flanqué de colonnettes, et que ces colonnettes soient montées dans la construction en meulière, moellons ou briques, il est d'usage d'allouer la plus-value de construction sur plan circulaire pour tenir compte de la sujétion et du déchet.

ABONNEMENT, *s. m.* — Convention, marché à forfait suivant lequel certains industriels se chargent de l'exécution d'un travail d'entretien pendant un temps déterminé à l'avance. Ainsi, les couvreurs se chargent de l'entretien d'une couverture par abonnement ; de même certains entrepreneurs de peinture et de vitrerie se chargent du nettoyage des devantures de boutiques, de l'entretien des glaces et des vitrines.

Lorsqu'un propriétaire a un forfait avec un entrepreneur de couverture pour que ce dernier entretienne en bon état les toits de sa maison, il ne faut pas comprendre dans ce marché les réparations extraordinaires causées par la foudre, ou tel autre cas fortuit. Dans ce cas, outre le prix de l'abonnement, le propriétaire doit payer le prix des travaux que l'accident imprévu a occasionné, à moins qu'il n'ait été stipulé particulièrement que le couvreur se chargeait aussi des cas fortuits.

Le mot *Abonnement* se dit encore de la convention passée entre un particulier et une administration pour la fourniture quotidienne des eaux et du gaz.

ABORNEMENT, ABORNER. — Mettre des bornes à un terrain. (Voir *Bornage*.)

ABOUT, *s. m.* — Extrémité par laquelle un morceau de bois de charpente ou de menuiserie est assemblé avec un autre. Le bout par lequel une tringle ou un tirant de fer se joint, se fixe à quelque chose.

Se dit particulièrement, en charpente, d'un tenon dont le joint est plus long que s'il était fait carrément. On pique la mortaise et le bout du tenon au même aplomb.

ABOUTISSANTS, *adj.* — On appelle aboutissants d'une pièce de terre, les pièces qui y sont adjacentes, qui la bornent de tous côtés. On dit, généralement, les tenants et aboutissants.

ABREUVER, *v. a.* — Mouiller, pénétrer d'eau, arroser une construction antérieure pour faciliter la liaison avec la construction nouvelle; répandre de l'eau sur une vieille construction dégarnie de son enduit pour y appliquer un ravalement nouveau, ou sur l'aire d'un plancher qu'on a haché pour que le plâtre du nouveau carrelage se liaisonne bien avec cette aire.

En termes de peinture, mettre sur un fond poreux, bois, pierre ou autre, une couche d'huile, d'encollage, de couleur ou de vernis pour en boucher les pores et en rendre la surface unie.

ABREUVOIR, *s. m.* — On nomme abreuvoir la pente en glacis, le plus souvent pavée de grès et bordée de pierres, qui conduit à un bassin où l'on mène les chevaux et les bestiaux boire et se baigner. Quelquefois, l'abreuvoir est tout simplement une pente douce, choisie ou préparée sur le bord d'une rivière, d'un étang ou d'une pièce d'eau; d'autres fois, c'est une espèce de bassin dont le fond est pavé, dont les parois sont construites en ciment et dans lequel on rassemble les eaux de la pluie ou celles d'une source.

L'autorité municipale peut, avec l'approbation du préfet, permettre l'établissement d'un abreuvoir.

Il y a des abreuvoirs publics et des abreuvoirs privés. L'entretien des premiers est à la charge des communes, celui des seconds est au compte de ceux qui y ont droit.

L'usage des abreuvoirs publics ou communaux est ordinairement déterminé par les règlements municipaux.

Les ordonnances en vigueur s'opposent à ce qu'un seul homme conduise plus de trois chevaux à la fois à l'abreuvoir ; mais, par une dérogation toute favorable aux maîtres de poste, elles leur permettent d'y faire conduire quatre chevaux par un seul postillon.

Les abreuvoirs naturels doivent être munis d'un barrage qui empêche les animaux d'avancer là où il y aurait du danger. Les abreuvoirs artificiels doivent être fréquemment curés ; on ne doit pas y laver du linge, ni y laisser rouir du chanvre, ni y laisser arriver des eaux sales et malsaines.

Toutes les infractions aux règlements de police, sur le nombre d'animaux qu'on peut y conduire, sont punissables des peines de simple police, sans préjudice des indemnités dues aux propriétaires qui en auraient souffert quelque préjudice.

On appelle encore *abreuvoir* un petit auget fait de mortier, pour remplir de coulis les joints, en fichant les pierres. Enfin, on donne aussi ce nom aux petites tranchées qu'on fait avec le marteau dans les lits des pierres pour les mieux liaisonner.

ABRI, *s. m.* — On appelle abris, sur les lignes de chemins de fer, les petits bâtiments destinés à mettre les voyageurs à couvert, pendant l'attente des trains circulant sur la voie opposée au bâtiment principal des stations. Par des décisions spéciales, l'administration supérieure a fait de l'établissement de ces abris une des conditions de l'approbation des projets définitifs des gares, et les stations ont presque toutes leurs modèles d'abris, comme elles ont des types de maisons de garde, de passages à niveau et de bâtiments de stations.

Le système, les dispositions et la dimension des abris à voyageurs, varient suivant les localités et suivant la fréquentation des gares. Les plus petits abris n'ont guère plus de 5 à 6 mètres de longueur, au moins dans la partie réservée aux voyageurs. La même longueur, pour les stations de moyenne importance, est de 10 à 12 mètres. Pour les gares principales, l'abri est quelquefois établi symétriquement au bâtiment des voyageurs, c'est-à-dire sur une ligne parallèle, d'une longueur correspondante. Des banquettes de bois sont intérieurement adossées aux cloisons, pour servir de siége aux voyageurs.

Les abris n'ont ordinairement qu'un rez-de-chaussée, sans étage supérieur. Les murs sont établis en maçonnerie ordinaire avec crépissage, en briques de ciment, ou en briques ordinaires encastrées de pierres de taille; le choix des matériaux est fait suivant les ressources des localités.

Les couvertures sont généralement en zinc, et quelquefois en ardoises ou en tuiles.

On appelle encore *abris*, dans les tunnels, des niches spéciales établies pour le garage des poseurs et des gardes, afin de les préserver de toute atteinte, **au moment du passage et surtout du croisement des trains.** (Voir *Niches de refuge.*)

ABSCISSE, *s. f.* — Terme de géométrie. Distance d'un point pris dans un plan à un des deux axes fixes qui se coupent perpendiculairement dans ce plan.

Pour déterminer la position d'un point dans un plan, on trace dans ce plan deux droites qui se coupent à angle droit. Cette position est donnée par la mesure et la direction des distances de ce point à chacune de ces deux droites. Ces distances sont les *coordonnées* du point; l'une en est l'*abscisse*, l'autre l'*ordonnée*. Les deux axes fixes auxquels on les rapporte sont les *axes des coordonnés*, et comme on peut compter sur l'un de ces axes la distance à l'autre, on nomme *axe des abscisses* celui sur lequel on compte les *abscisses*, et *axe des ordonnées* celui sur lequel on compte les *ordonnées*. Ainsi, l'*abscisse* est la distance du point à l'axe des *ordonnées*, et l'*ordonnée* la distance de ce même point à l'axe des *abscisses*. On nomme encore axe des x l'axe des abscisses, et axe des y l'axe des ordonnées, parce qu'on a l'habitude de donner le nom de x à l'*abscisse*, et le nom de y à l'*ordonnée*. Le point de rencontre des axes est le point de rencontre des coordonnées.

ABSIDE, *s. f.* — C'est la partie qui termine le chœur d'une église, soit par un hémicycle, soit par des pans coupés, soit par un mur plat. Bien que le mot *abside* ne doive rigoureusement s'appliquer qu'à la tribune ou cul-de-four qui clôt la basilique antique, on l'emploie aujourd'hui pour désigner le chevet, l'extrémité du chœur, et même les chapelles circulaires ou polygonales des transepts ou du rond-point. On dit : chapelles absidales, c'est-à-dire chapelles ceignant l'abside principale.

Certaines absides sont carrées; elles sont plus souvent semi-circulaires, polygonales.

On cite aussi plusieurs églises à abside jumelles.

Dans les églises de fondation ancienne, c'est toujours sous l'abside que se trouvent placées les cryptes : aussi le sol des absides autant par suite de cette disposition que par tradition, se trouve-t-il élevé de quelques marches au-dessus du sol de la nef et des transepts.

Parmi les absides les plus remarquables et les plus complètes, on peut citer celles des églises d'Ainay, à Lyon; de l'Abbaye-aux-Dames, à Caen; de

Notre-Dame du Port, à Clermont; de Saint-Sernin, à Toulouse, onzième et douzième siècles; de Brioude, de Fontgombaud; des cathédrales de Paris, de Reims, d'Amiens, de Bourges, d'Auxerre, de Chartres, de Beauvais, de Séez; des églises de Pontigny, de Vézelay, de Semur en Auxois, douzième et treizième siècles; des cathédrales de Limoges, de Narbonne, d'Alby; des églises de Saint-Ouen, de Rouen, quatorzième siècle; de la cathédrale de Toulouse, de l'église du Mont-Saint-Michel en Mer, quinzième siècle; des églises de Saint-Pierre de Caen, de Saint-Eustache, de Paris; de Brou, seizième siècle. Généralement, les absides sont les parties les plus anciennes des édifices religieux : 1° parce que c'est par là que la construction des églises a commencé; 2° parce qu'étant le lieu saint, celui où s'exerce le culte, on a toujours dû hésiter à modifier des dispositions traditionnelles; 3° parce que, par la nature même de la construction, cette partie des monuments religieux du moyen âge est la plus solide, celle qui résiste le mieux aux poussées des voûtes, aux incendies, et qui se trouve, dans notre climat, tournée vers la meilleure exposition. (VIOLLET-LE-DUC.)

ACADÉMIE DES BEAUX-ARTS. — C'est en 1648 qu'une association de peintres et de sculpteurs reçut une autorisation royale sous le nom d'*Académie de peinture et de sculpture*. Elle fut définitivement constituée en 1655 par le cardinal Mazarin. En 1671, Colbert créa une Académie d'architecture, qui vécut à côté de la première jusqu'à la Révolution. A cette époque, ces deux institutions furent incorporées dans la quatrième classe de l'Institut, qui reçut, en 1819, une organisation définitive sous le nom d'*Académie des beaux-arts*. Composée de quarante membres, l'Académie des beaux-arts est divisée en cinq sections : peinture, sculpture, architecture, gravure, musique, qui siégent au palais Mazarin, à Paris, et sont désignées sous le nom collectif d'*Institut*.

L'Académie des beaux-arts dirige les concours, distribue les grands prix de Rome, présente les candidats pour les places de professeurs aux Écoles des beaux-arts, etc.

ACADÉMIE DE FRANCE A ROME. — École des beaux-arts fondée à Rome par Colbert, à l'instigation de Lebrun, en 1666, et destinée à recevoir et à entretenir aux frais de l'État les jeunes artistes, peintres, sculpteurs, architectes, graveurs, musiciens, qui, après avoir obtenu les grands prix au jugement de l'Académie des beaux-arts de Paris, vont compléter leurs études au milieu des chefs-d'œuvre de l'Italie. L'Académie de France occupa d'abord un palais voisin de l'Argentine. En 1700, elle fut transférée dans un palais situé en face du palais Doria. Depuis 1803, elle est établie à la villa Médicis. Elle reçut d'abord quelques élèves désignés par l'Académie de peinture et de sculpture. En 1676, Louis XIV permit de joindre à l'Académie de France l'Académie romaine de Saint-Luc, créée par le Mutian, peintre célèbre, et confirmée par les brefs des papes Grégoire XIII et Sixte V. Le roi de France fonda un revenu pour le directeur et pour l'entretien de douze pensionnaires ayant remporté les premiers prix de peinture, de sculpture et d'architecture. En 1681, Louvois régularisa les règlements de l'Académie.

Chaque année, à la suite d'un concours auquel sont admis les Français de moins de trente ans jugés les plus capables parmi ceux qui se présentent, et sur des morceaux exécutés en loge d'après un programme fourni par l'Académie des beaux-arts, cette Académie distribue des grands prix de peinture, de sculpture, d'architecture et de composition musicale; le grand prix de gravure en taille-douce, fondé en 1804, est donné tous les deux ans; le prix de gravure en médailles et pierres fines, fondé en 1805, et celui de paysage historique, créé en 1816, sont donnés tous les quatre ans seulement. Les premiers grands prix donnent seuls droit à la pension, en retour de laquelle les élèves doivent envoyer chaque année des copies, des études ou des compositions. Les élèves lauréats, au nombre de quinze, jouissent de la pension pendant cinq années. Les élèves musiciens passent deux années en Italie, une année en Allemagne et deux années à Paris. Les autres ne passent plus maintenant que quatre années en Italie ; la cinquième ils vont la passer en Grèce. Les élèves ont à Rome chacun un atelier particulier, et il y a des salles pour l'étude en commun du modèle vivant et des plâtres moulés sur l'antique. Le gouvernement français fait seul les frais de ce grand établissement, où des Romains et des étrangers sont admis à profiter des modèles.

ACAJOU, *s. m.* — Grand arbre originaire de l'Asie et de l'Amérique méridionale. Le bois est très-dur, assez léger, d'un grain fin, susceptible de recevoir un beau poli. Quand il est frais, il a une couleur jaunâtre ou rougeâtre, qui devient plus foncée avec le temps : aussi l'acajou le plus vieux est-il généralement le plus estimé. Il est peu ou point attaqué par les insectes.

L'acajou moucheté est celui que l'on recherche le plus, surtout quand il présente des nœuds fins et réguliers, appelés *tourbillons*. Ce bois, qui nous arrive en madriers de 4 mètres de longueur sur 1 ou 2 mètres de largeur, est très-employé pour l'ébénisterie, la menuiserie, la marqueterie et les ouvrages de tour ; mais, comme son prix est assez élevé, on fait rarement des meubles en acajou massif. Le plus souvent, on débite ce bois en lames très-minces, qu'on applique sur les planches de sapin qui forment la carcasse des meubles.

ACANTHE, *s. f.* — Imitation plus ou moins exacte que l'on fait de la plante qui porte ce nom, pour les ornements usuels et principalement pour la décoration du chapiteau de l'ordre corinthien et autres ornements

d'architecture. Voici comment Vitruve raconte l'origine de cette imitation : « Une jeune Corinthienne étant morte peu de jours après un heu-
reux mariage, sa nourrice, désolée, mit dans une corbeille divers objets
que la jeune fille avait aimés, la plaça sur son tombeau et la couvrit
d'une large tuile pour préserver ce qu'elle contenait. Le hasard voulut
qu'un pied d'acanthe se trouvât sous la corbeille. Au printemps suivant
l'acanthe poussa ; ses larges feuilles entourèrent la corbeille ; mais, arrêtées
par les rebords de la tuile, elles se courbèrent et s'arrondirent vers leurs
extrémités. Callimaque, passant près de là, admira cette décoration cham-
pêtre et résolut d'ajouter à la colonne corinthienne la belle forme que le
hasard lui offrait. »

ACCESSION, *s. f.* — La propriété d'une chose, soit mobilière, soit im-
mobilière, donne droit sur tout ce qu'elle produit, et sur ce qui s'y unit
accessoirement, soit naturellement, soit artificiellement. Ce droit s'appelle *droit d'accession*.

Tout ce qui s'unit et s'incorpore à la chose appartient au propriétaire
suivant les règles qui seront ci-après établies.

La propriété du sol emporte la propriété du dessus et du dessous. Le
propriétaire peut faire au-dessus toutes les plantations et constructions
qu'il juge à propos, sauf les exceptions établies au Code civil, titre *des
Servitudes ou Services fonciers*.

Il peut faire au-dessous toutes les constructions et fouilles qu'il jugera
à propos, et tirer de ces fouilles tous les produits qu'elles peuvent four-
nir, sauf les modifications résultant des lois et règlements de police.

Toutes constructions, plantations et ouvrages sur un terrain ou dans
l'intérieur sont présumés faits par le propriétaire, à ses frais, et lui appar-
tenir, si le contraire n'est prouvé ; sans préjudice de la propriété qu'un
tiers pourrait avoir acquise ou pourrait acquérir par prescription, soit
d'un souterrain sous le bâtiment d'autrui, soit de toute autre partie du
bâtiment.

Le propriétaire du sol qui a fait des constructions, plantations et ouvrages avec des matériaux qui ne lui appartenaient pas, doit en payer
la valeur ; il peut aussi être condamné à des dommages et intérêts, s'il
y a lieu, mais le propriétaire des matériaux n'a pas le droit de les
enlever.

Lorsque les plantations, constructions et ouvrages ont été faits par un
tiers et avec ses matériaux, le propriétaire du fonds a droit ou de les re-
tenir, ou d'obliger ce tiers à les enlever. Si le propriétaire du fonds de-
mande la suppression des plantations et constructions, elle est aux frais
de celui qui les a faites, sans aucune indemnité pour lui ; il peut même
être condamné à des dommages-intérêts, s'il y a lieu, pour le préjudice que peut avoir éprouvé le propriétaire du fonds. Si le propriétaire
préfère conserver ces plantations et constructions, il doit le rembourse-

ment de la valeur des matériaux et du prix de la main-d'œuvre, sans égard à la plus ou moins grande augmentation de la valeur que le fonds a pu recevoir. Néanmoins, si les plantations, constructions et ouvrages ont été faits par un tiers évincé, qui n'aurait pas été condamné à la restitution des fruits, attendu sa bonne foi, le propriétaire ne pourra demander la suppression desdits ouvrages, plantations et constructions ; mais il aura le choix ou de rembourser la valeur des matériaux et du prix de la main-d'œuvre, ou de rembourser une somme égale à celle dont le fonds a augmenté de valeur, (Code civil, art. 552, 553, 554 et 555.)

ACCIDENT, *s. m.* — Événement fâcheux et préjudiciable, qui advient quelquefois fortuitement. Au mot *Réparation,* nous traiterons des réparations occasionnées aux immeubles par les accidents. Nous ne nous occuperons ici que des accidents qui atteignent les personnes.

Les accidents sont quelquefois tout à fait indépendants de la volonté humaine. Ce sont ceux-là seuls qui doivent être appelés accidents de force majeure ou cas fortuits. En principe, nul n'est responsable des cas fortuits. (Code civil, art. 1148.)

Dans d'autres accidents, au contraire, la volonté humaine a joué un certain rôle. S'il n'y a pas eu intention malveillante, il y a eu faute cependant, et la responsabilité civile de celui qui a occasionné l'accident, non-seulement par son fait, mais encore par sa négligence ou par son imprudence se trouve engagée (C. civ., art. 1383); elle l'est également par le fait des personnes dont on doit répondre, tels que les préposés et ouvriers dans les fonctions auxquelles on les emploie, ou des choses que l'on a sous sa garde (art. 1384). Dans le cas où la maladresse, l'imprudence, l'inattention, la négligence ou l'inobservation des règlements ont entraîné la mort ou des blessures, la responsabilité pénale peut quelquefois s'ajouter à la responsabilité civile (Code pénale, art. 319 et 320.)

L'entrepreneur, en général, est responsable de tous les accidents qui pourraient résulter pour les étrangers au chantier ou pour ses propres ouvriers, de l'inobservation des règlements, et de sa négligence ou de celle de ceux qu'il emploie.

Ainsi, lorsqu'il s'échappe une pierre, une tuile ou une pièce de bois d'un édifice que l'on construit et qu'elle blesse quelqu'un, ce n'est pas là un cas fortuit : celui qui commande aux ouvriers est responsable, sauf son recours contre ces derniers s'il y a lieu.

Les entrepreneurs de maçonnerie, couverture, charpente, plomberie, et tous ceux dont les travaux menacent ou les passants ou les voisins, sont tenus, par les lois de police, de prendre des précautions pour prévenir tout accident. Ils sont obligés, en outre, d'avertir tous les passants, et, à cet effet, les ouvriers du bâtiment sont dans l'usage de suspendre des lattes posées en croix ou en triangle aux endroits où ils travaillent. Dans les endroits populeux, il faut en outre que quelqu'un soit chargé de pré-

LE BATIMENT

JOURNAL DES TRAVAUX PUBLICS ET PARTICULIERS.

Organe Spécial des Entrepreneurs

Bulletin général des Adjudications officielles

CONSTRUCTION. — FOURNITURES. — EXPOSITIONS. — CHEMINS DE FER. — VALEURS IMMOBILIÈRES. — JURISPRUDENCE SPÉCIALE.

4e ANNÉE.

Achille JUQUIN, Directeur

PRIX DE L'ABONNEMENT :

Paris un an............... 15 fr. | Départements, un an.......... 18 fr.
— six mois............ 8 | — six mois....... 10

*On s'abonne, en adressant un mandat sur la poste à l'ordre du Directeur,
M. A. Juquin, 9, rue Sauval.*

Le **Nouveau Cahier des Clauses et Conditions générales** imposées aux Entrepreneurs des travaux des Ponts et Chaussées, *commenté et annoté* par MM. JULES PÉRIN et ACHILLE JUQUIN (ouvrage honoré de la souscription de S. Exc. M. le ministre des Travaux publics). Prix........................... 1 fr. 50

PAR LES MÊMES AUTEURS :

De l'Expertise en matière de Construction, à l'usage des Architectes, Entrepreneurs, Conducteurs, etc.;

Manuel des Adjudications de Travaux Publics, à l'usage des Entrepreneurs soumissionnaires;

Manuel des Contraventions de Police particulières aux travaux de construction, à l'usage des Entrepreneurs de travaux publics et particuliers. Prix de chaque brochure........................... 1 fr.

PAR M. JUQUIN :

Des Chambres syndicales du Bâtiment. Prix..... .... 1 fr.

PAR M. PÉRIN :

De l'Action directe contre le propriétaire, *à raison de travaux exécutés par suite d'un marché avec un Entrepreneur général (C. N. 1798), en collaboration avec M. P. Bezout. Prix........................... 1 fr.*

Pour recevoir *franco* chacune de ces brochures, en adresser le montant en timbres-poste de 0,20 cent. à M. A. JUQUIN, 9, *rue Sauval, à Paris.*

Typ. Rouge frères, Dunon et Fresné, rue du Four-Saint-Germain, 43